# HAIE

## RAUBTIERE DER MEERE

John McIntyre

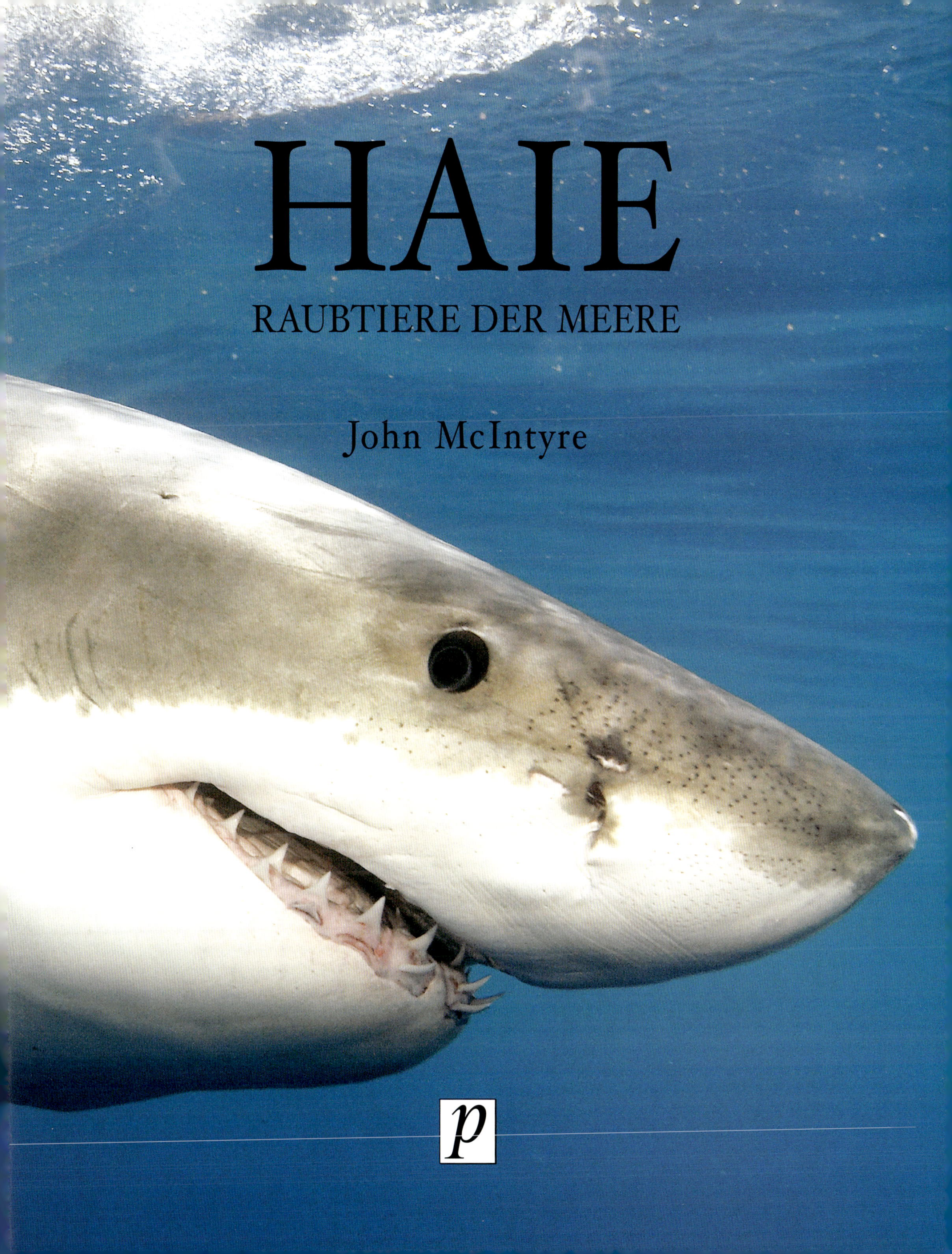

Parragon Books Ltd
Queen Street House
4 Queen Street
Bath BA1 1HE, UK

Übersetzung aus dem Englischen: Susanne Schmidt-Wussow

Satz und Redaktion: Eva Morgenstern für bookwise GmbH, München
Koordination: trans texas GmbH, Köln

ISBN 10: 1-40547-693-1
ISBN 13: 978-1-40547-693-5

Printed in China

Bildnachweis:
© Charles Hood/Oceans Image Pictures Ltd: Seite 6, 7 (rechts), 9, 12, 13, 14 (oben), 18–19, 20–21, 26, 34–35, 40–41, 54, 55, 61, 64–65, 77, 79, 82–83, 90, 91.
© Douglas David Seifert/Oceans Image Pictures Ltd: Seite 2–3, 16–17, 36–37, 38–39, 46–47, 48–49, 52–53, 57, 60, 62, 76, 78, 92–93, 94, 95.
© Jane Morgan/Oceans Image Pictures Ltd: Seite 27.
© Alex Misiewicz/Oceans Image Pictures Ltd: Seite 28–29.
© Steve Jones/Oceans Image Pictures Ltd: Seite 42, 50, 51.
© Imagestate: Seite 1, 8, 11, 14 (unten), 15, 22, 23, 25, 32–33, 43, 45, 56, 58, 63, 81, 84–85, 86–87.
© Doug Perrine/SeaPics.com: Seite 30–31, 66–67, 74, 75 (oben), 88–89.
© Ralph Kiefner/SeaPics.com: Seite 59.
© Jeff Rotman/SeaPics.com: Seite 75 (unten).
© Amos Nachoum/SeaPics.com: Seite 80.
© Craig Bovim: Seite 72.
© John Crowell: Seite 68.
© Noah Hamilton: Seite 69.
© John McIntyre: Seite 7 (links).
© Newquay Voice/Chrissie Laming: Seite 73 (unten rechts).
© Chris Sullivan: Seite 73 (oben links, oben rechts, unten links).
© Tony White: Seite 71.

# INHALT

EINFÜHRUNG 6

EVOLUTION DER HAIE 8

BEKANNTE HAIARTEN 22

DIE GRÖSSTEN HAIE 42

HAIE UND MENSCHEN 56

HAIOPFER 68

DER WEISSE HAI 76

REGISTER 96

# EINFÜHRUNG

Schon die Erwähnung des Wortes „Hai" beschwört tief sitzende Emotionen herauf, denn er gehört zu den Tieren, die das Herz mit Furcht erfüllen und gleichzeitig Bewunderung hervorrufen. Er ist ein legendäres Wesen – ein phänomenaler Jäger, dessen stromlinienförmiger Körper das Ergebnis von über 400 Millionen Jahren Evolution darstellt. Viele Haiarten haben den Zustand körperlicher Perfektion für das Überleben in den Weltmeeren fast erreicht.

Befragt man Menschen zu irgendeinem beliebigen Tier, kann der Antwort durchaus ein Zögern vorausgehen. Wenn man jedoch jemanden fragt, was er speziell über Haie denkt, wird augenblicklich reagiert. Die Meinungen reichen von einem Extrem zum anderen. Die am wenigsten auf Wissen basierende, aber leider auch sehr häufig geäußerte lautet: „Nur ein toter Hai ist ein guter Hai."

Mein Name ist John McIntyre. Ich bin BBC-Journalist und habe als erfahrener Taucher viele hundert Stunden unter Wasser verbracht, häufig in unmittelbarer Nähe von Haien. Meine Begeisterung für diese Tiere und die Faszination, die sie auf mich ausüben, begannen schon im Teenageralter, als meine Eltern mich in den bahnbrechenden Kinofilm *Blaues Wasser, weißer Tod* mitnahmen. Während meines abwechslungsreichen Berufslebens habe ich für die BBC über die Kontroversen bezüglich des Käfigtauchens mit Weißen Haien berichtet, live aus einem der größten Haibecken Europas gesendet und den Film *Sharks: The Big Ten* produziert, in dem einige der besten Haiszenen aus den Weltmeeren zu sehen sind. Mit diesem Buch möchte ich auf eine nicht sensationslüsterne Weise die vielen Arten von Haien würdigen, die die Meere durchstreifen, und erklären, warum es wichtig ist, die Hintergründe einiger der erschreckenden Zwischenfälle mit diesen eindrucksvollen Jägern zu verstehen.

Haie gehören zu den schönsten und bewundernswertesten Tieren der Erde. Mit ihnen im Wasser zu sein, heißt der Natur in ihrer ultimativen Form nahe zu kommen. Es ist so wichtig, dass alles unternommen wird, um den Haien den Schutz angedeihen zu lassen, den sie verdienen.

Ein besseres Verständnis führt ihnen gegenüber zu einer positiveren Haltung; die Menschen erkennen inzwischen, dass Haie tatsächlich

Wesen von großer Scheu und Dynamik sind, deren Fehlen dem Lebensraum Meer beträchtlich schaden würde. Natürlich werden Menschen gebissen und sogar getötet, und die Schlagzeilen schreien die Berichte über solche Vorfälle laut heraus. Aber diese tragischen Vorkommnisse sind glücklicherweise sehr selten.

Ein guter Freund von mir, der seit Jahren Haie auf der ganzen Welt fotografiert, weist gern durch ein abgewandeltes Shakespeare-Zitat darauf hin, dass in der neueren Evolutionsgeschichte der Mensch der größte Feind des Hais ist: „An Haien wird weitaus mehr gesündigt, als sie sündigen."

Man nimmt an, dass etwa 500 verschiedene Haiarten in den Weltmeeren existieren. Diese weisen große Unterschiede in Bezug auf Größe, Aussehen und Biologie auf. Es gibt Haie, die Eier legen, andere gebären lebende, vollständig entwickelte Jungtiere. Es gibt sogar Haiarten, die im Mutterleib zu Kannibalen werden und ihre Geschwister fressen, um zu überleben.

Die beiden größten Fische der Welt sind Haie, allerdings ist keiner von beiden ein Fleischfresser. Es handelt sich um den Walhai und den Riesenhai. Sie werden jeweils so groß wie ein Bus, ernähren sich aber von den winzigsten Lebewesen im Meer, dem Plankton. Erstaunlicherweise beginnt man erst jetzt, dank Satellitenüberwachung und Computertechnologie, zu verstehen, wie diese riesigen Tiere leben.

Es ist wahrlich kein Geheimnis, welcher Hai der berüchtigste ist und die meisten Schlagzeilen macht: der Weiße Hai, auch Weißhai oder Menschenhai genannt. Es ist nicht schwer zu verstehen, warum eine solche Angst vor diesem sechs Meter langen Wesen herrscht. Könnte es sein, dass Menschen ein instinktives Entsetzen verspüren beim Gedanken an ein Tier mit großen, scharfen Zähnen, das sie mühelos in zwei Teile beißen kann?

Die drei Wörter, die zum Symbol dieser Angst geworden sind und den Hai bis heute verfolgen, sind „*Der Weiße Hai*". Dieser Film begeisterte die Zuschauer, aber dämonisierte den Hai so sehr, dass es zu einer beträchtlichen Zahl von Tötungen aus „Rache" durch Menschen kam, die sich durch seine bloße Existenz bedroht fühlten.

Erstaunlicherweise haben viele Personen, denen von Haien schreckliche Wunden zugefügt wurden, eine andere Sichtweise – sie verteidigen und würdigen sie als erstaunliche Tiere, die Respekt und Hilfe verdienen.

In Teilen der Welt – besonders in Australien und Südafrika – wurden Gesetze zum Schutz des Weißen Hais erlassen, in Großbritannien zum Schutz des gewaltigen Riesenhais.

**Links:** Autor John McIntyre beim Filmen unter Wasser.

**Oben:** John macht sich in den warmen Gewässern der Bahamas mit einem Karibischen Riffhai *(Carcharhinus perezi)* bekannt.

# EVOLUTION DER HAIE

Wenn es darum ginge, die perfekte Tötungsmaschine zu beschreiben, würden die meisten Menschen wahrscheinlich zuerst an den Hai denken. Jeder Zentimeter des Haikörpers, seine äußere Form und die inneren Organe, haben sich nur zu einem Zweck entwickelt: um Nahrung zu erbeuten und zu überleben. Über rund 400 Millionen Jahre hat die Evolution ihn bis ins kleinste Detail ausgefeilt.

Ein gutes Beispiel ist der eigentümliche ambossförmige Kopf der Hammerhaie. Einige Wissenschaftler halten diese Lebewesen für die am höchsten entwickelten Haie. Ihr breiter, abgeflachter Kopf mit Augen an jedem Ende funktioniert nach Art eines Metalldetektors und eines Tragflächenboots gleichzeitig; er liefert dem Hai eine maximale Anzahl von Sinneseindrücken, während er außerdem für eine überragende Manövrierfähigkeit sorgt.

Solche ungewöhnlichen Merkmale haben sich bei Haien entwickelt, noch bevor die Dinosaurier die Erde bevölkerten. Manche Haiarten erlitten allerdings das gleiche Schicksal wie die Dinosaurier: Sie sind ausgestorben. Der bekannteste unter ihnen ist *Carcharodon megalodon*, ein wahrer Riese mit so großen Kiefern, dass er – wäre er heute noch am Leben – einen stehenden Menschen verschlingen könnte. Jeder Zahn war so groß wie eine menschliche Hand. Versteinerte *Megalodon*-Zähne sind heute Sammlerobjekte.

Beim Zusammensetzen des Puzzles der Haigeschichte haben Wissenschaftler einen Großteil ihrer Informationen aus den versteinerten Überresten dieser uralten Fische abgeleitet, besonders aus den häufig vollständig erhaltenen Zähnen. Oft sind die versteinerten Zähne alles, was es noch zu finden gibt, da Haie zu einer Gruppe von Tieren gehören, die kein Knochenskelett besitzen. Stattdessen besteht ihr Gerippe aus einem strapazierfähigen, elastischen Material: Knorpel. Daher werden sie zur Klasse der Knorpelfische *(Chondrichthyes)* gezählt, zu denen auch die Rochen sowie einige weniger bekannte Fische gehören, die in der ständigen Dunkelheit der Tiefsee leben. Ein Tier mit einem Knorpelskelett ist vergleichbar mit einem Sportwagen, dessen Konstrukteur für die Karosserie stabile, aber leichtgewichtige Kohlefaser verwendet hat. Im

Falle des Hais ist das Design das Produkt bahnbrechender Naturkräfte. Ein weiterer wesentlicher Unterschied zwischen Knochenfischen und Haien besteht darin, dass Letztere keine Schwimmblase besitzen. Die Schwimmblase eines Fisches funktioniert etwa wie die Tarierweste eines Tauchers. Wenn der Taucher tiefer geht und der Wasserdruck sich erhöht, pumpt er mehr Luft in die Weste, um den Auftrieb auf gleichem Niveau zu halten und so in der gewünschten Tiefe zu bleiben. Der Hai ist hierfür auf eine sehr große Leber angewiesen. Sie enthält feines Öl, das leichter ist als Wasser und den Auftrieb vergrößert. Doch selbst mit dieser großen Leber ist der Hai schwerer als Wasser und sinkt. Daher muss er permanent schwimmen. Es gibt einige Ausnahmen dieser Regel, aber im Allgemeinen müssen Haie ständig in Bewegung bleiben, um nicht abzusinken. Aber so wie Vögel Meister der Aerodynamik sind, sind Haie solche der Hydrodynamik. Sie gleiten mit minimaler Anstrengung durch das Wasser und sparen auf diese Weise Energie für ihre entscheidenden blitzschnellen Bewegungen bei der Beutejagd.

Obwohl das Gehirn des Hais relativ klein ist, besitzt er hoch entwickelte Fähigkeiten. Die vielleicht außergewöhnlichste Waffe sind die scharfen Sinnesorgane, die als kleine Poren an der Schnauze hervortreten. Es handelt sich dabei um winzige, mit einer gallertartigen Substanz gefüllte Hohlräume, die winzigste elektrische Ströme aufspüren können. Diese Rezeptoren werden als Lorenzinische Ampullen bezeichnet. Selbst wenn sich ein Fisch im Sterben befindet, senden seine Muskeln noch minimale elektrische Signale aus. Sogar aus einiger Entfernung kann der Hai diese noch wahrnehmen.

**Vorhergehende Seiten**

Seite 8: Das gefährlich aussehende Gebiss des Sandtigerhais *(Carcharias taurus)*, dessen Furcht einflößende Erscheinung über sein gewöhnlich friedliches Wesen hinwegtäuscht.

Seite 9: Ein Großer Hammerhai *(Sphyrna mokarran)* zieht in den Gewässern der Bahamas seine Runden nahe der Wasseroberfläche und bietet eine gute Sicht auf seinen hammerartigen Kopf.

Ein fünf Millionen Jahre alter versteinerter Zahn des größten Hais, der je gelebt hat: *Carcharodon megalodon.*

Ein wirklich zuverlässiges System zum Schutz vor Haien konnte daher erst mit dem Einsatz von Elektrizität zum Erfolg führen. Wissenschaftler bauten relativ starke elektrische Felder um Taucher herum auf und fanden heraus, dass sie damit die Sinne des Hais wirkungsvoll stören und auch den größten seiner Art zur Umkehr bewegen können.

Ein weiteres Merkmal des Hais ist eine dünne Linie, die sich auf beiden Seiten über die gesamte Länge des Körpers hinwegzieht: das Seitenlinienorgan. Durch dieses kann ein Hai winzige Vibrationen im umgebenden Wasser wahrnehmen und so die Gegenwart anderer Tiere feststellen. Selbst die schwächsten magnetischen Felder im Meer bleiben ihm dank seines ausgeklügelten Sinnessystems nicht verborgen, das ihm eine präzise Navigation ermöglicht.

Haie können ausgezeichnet sehen, sind extrem geräuschempfindlich und haben einen hervorragenden Geruchssinn. Ein verblüffendes Beispiel für ihre olfaktorischen Fähigkeiten ist die Tatsache, dass sie einen einzelnen Tropfen Blut in einer Million Wassertropfen riechen können.

Ihre Haut ist ein ebenso geniales Produkt der Natur. Sie ist mit tausenden von Reihen winziger, umgebildeter Zähnchen besetzt, den so genannten Hautzähnchen. Fährt man mit der

Hand von der Schnauze bis zum Schwanz, fühlt sich die Haut eines Hais seidig glatt an. Reibt man in entgegengesetzter Richtung darüber, kann man sich empfindlich verletzen. Dieses erstaunliche Merkmal verleiht dem Hai nicht nur einen robusten äußeren Schutz, sondern sorgt auch für eine ausgezeichnete Hydrodynamik. Wie alle besten Entwürfe der Natur hat der Mensch auch diesen kopiert. So tragen mittlerweile die meisten Wettkampfschwimmer Bodysuits, deren Oberfläche der Haihaut nachempfunden ist.

Die Tatsache, dass Haie in den Weltmeeren an der Spitze der Nahrungskette stehen, hat ihre Ursache darin, dass sie perfekt an lokale Gegebenheiten angepasst sind. Der Engelshai beispielsweise lauert im Sand am Meeresgrund wie eine geräuschlose Falle, die nur darauf wartet, ahnungslose Beutetiere zu verschlingen, die ihr zu nahe kommen. Sägehaie haben bizarre, gekerbte Schnauzen, die manchmal aussehen wie mittelalterliche Waffen. Und es gibt noch weitere seltsame Arten, darunter Japanische Nasenhaie, Krokodilhaie, Katzenhaie, Fuchshaie – die Liste ließe sich noch weiter fortsetzen. Die Gestalt jeder Haiart passte sich an, um das Überleben unter extremsten Umständen zu sichern – ob in der Tiefsee, in felsigen Untiefen, Korallenriffen oder im freien Meer. Haie durchstreifen jeden Winkel des Globus, von den fast gefrorenen Gewässern der Arktis bis hin zu den karibischen Riffen.

Manche Haie gebären lebende Junge, während andere Eier legen. Und nicht alle Haie sind für den Menschen gefährlich – der größte Hai der Welt zum Beispiel ist vollkommen harmlos. Sowohl der Walhai als auch sein enger Verwandter, der Riesenhai, leben von winzigen Beutetieren, von Plankton und kleinen Fischen.

Der Sandtigerhai *(Carcharias taurus)* wurde in Australien 1984 als erste Haiart unter gesetzlichen Schutz gestellt.

**Oben:** Der Stierkopfhai *(Heterodontus francisci)* wird nur 1,20 Meter lang und ist perfekt an seinen Lebensraum, die felsigen Gebiete des Pazifiks, angepasst.

**Rechts:** Der Kurzflossenmako *(Isurus oxyrinchus)* ist einer der schnellsten Haie der Meere und kann den wendigen Thunfisch und den Marlin zur Strecke bringen. Dieses Exemplar wurde im Roten Meer fotografiert.

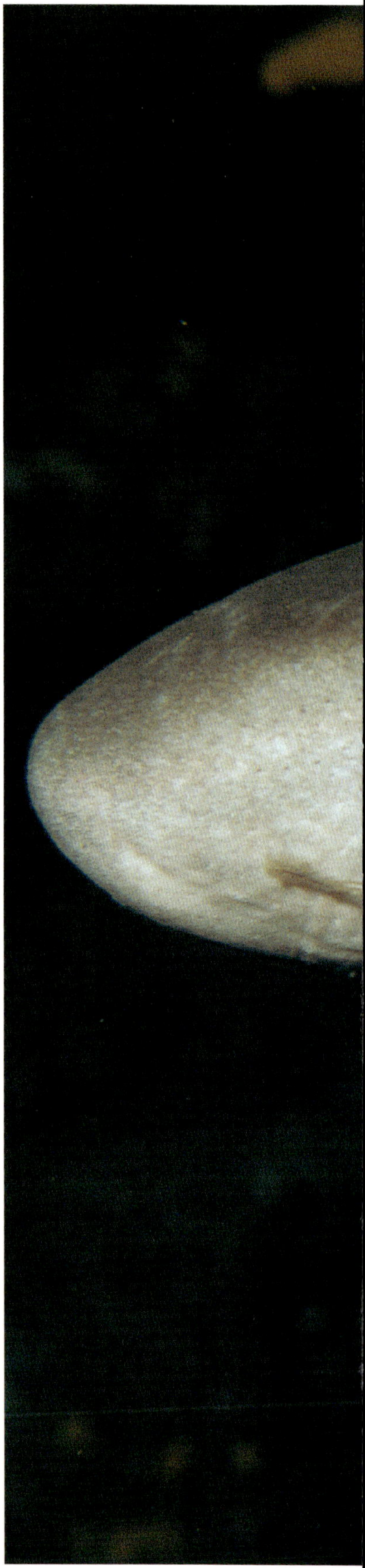

**Oben:** Weißspitzen-Riffhaie *(Triaenodon obesus)* kommen in tropischen Gewässern häufig vor. Sie verhalten sich Menschen gegenüber in der Regel sehr friedlich, machen nachts jedoch in Gruppen unermüdlich Jagd auf Fische.

**Rechts:** Blauhaie *(Prionace glauca)* können etwa vier Meter lang werden und leben im offenen Meer. Sie sind ein beliebtes Fotoobjekt.

**Gegenüber:** Sandtigerhaie *(Carcharias taurus)* werden gern in Aquarien zur Schau gestellt, da sie sich relativ leicht halten lassen und ihr Gebiss eine außerordentliche Wirkung auf den Betrachter besitzt.

In den Gewässern um die Insel Cocos nahe Costa Rica finden sich Bogenstirn-Hammerhaie *(Sphyrna lewini)* in größeren Gruppen ein. Hier warten sie im Umfeld von Wasservulkanen geduldig darauf, sich die Parasiten von Schmetterlingsfischen entfernen zu lassen.

Große Hammerhaie *(Sphyrna mokarran)* gehören zu den Haien, die nur äußerst selten zu sehen sind. Sie können eine Länge von rund sechs Metern erreichen und bis zu 450 Kilogramm schwer werden. Die Großen Hammerhaie sind dafür bekannt, auch kleinere Haie und Rochen zu fressen.

Dieses fantastische Bild eines Großen Hammerhais wurde in den Gewässern der Bahamas vom Unterwasserfotografen Charles Hood geschossen. Der Große Hammerhai sieht mit den alles absuchenden, etwa 1,50 Meter auseinander liegenden Augen beinahe aus wie ein Hightech-Kampfflugzeug. Er frisst besonders gerne Stachelrochen. Mit seinem breiten Kopf hält er den Rochen auf dem Meeresboden fest und macht ihn manövrierunfähig, indem er ein Stück aus dessen Brustflosse herausbeißt.

# BEKANNTE HAIARTEN

Die schnittigen Konturen bestimmter Haie haben sie zu den „Supermodels“ der Meere gemacht. Genau wie ein fantastisch aussehendes menschliches Model die Auflage einer Zeitschrift in die Höhe treiben kann, verkaufen sich auch Veröffentlichungen zu den Themen Tauchen und Naturkunde deutlich besser, wenn auf dem Titelblatt ein Hai zu sehen ist.

Zu den am häufigsten fotografierten Arten zählt der Riffhai. Weitere bekannte Haiarten sind zum Beispiel der angriffslustige Karibische Riffhai oder der allgegenwärtige Graue Riffhai. Diese beiden Arten und einige ihrer ähnlich aussehenden Verwandten können in tropischen Gewässern häufig angetroffen werden. Es gibt natürlich viele feine Variationen ihrer physischen Merkmale, je nachdem, in welchem Teil der Weltmeere man ihnen begegnet.

Als Grundrichtlinie gilt: Ein „typischer“ Hai besitzt einen langen, gräulichen oder bräunlichen, meist torpedoförmigen Körper mit weißem Bauch. Normalerweise hat er fünf Kiemenspalten und acht Flossen. Am einfachsten zu erkennen ist die erste Rückenflosse, da sie häufig aus dem Wasser ragt. Die Flossen neben den Kiemenspalten heißen Brustflossen, hinten am Körper sitzt die Schwanzflosse. Vier weitere, kleinere Flossen vervollständigen das Bild, nämlich zwei Bauchflossen, die bei den Männchen zu den so genannten Klaspern – den Geschlechtsorganen – umgebildet sind, sowie zwei Afterflossen.

Die als „typisch“ betrachteten Haiarten gehören zur Familie der *Carcharhinidae*, deren Vertreter mehr als die Hälfte des bekannten Haibestandes ausmachen. Aufgrund ihrer großen Verbreitung sind diese Haie statistisch auch für die meisten Todesfälle und Verletzungen beim Menschen verantwortlich. Der bekannteste Hai, der Weiße Hai, gehört nicht zu dieser Familie, sondern zu den *Lamnidae*, daher wird dieser berühmteste Jäger der Meere in einem Extrakapitel behandelt (siehe Seite 76).

Zur Familie der *Carcharhinidae* werden einige Arten gezählt, die jeder kennt, der gerne naturkundliche Dokumentationen sieht – zum Beispiel der kräftige Bullenhai, der schlanke Blauhai und der eher gedrungene Tigerhai.

Einige der *Carcharhinidae*-Arten, vor allem die kleineren Weißspitzen-Riffhaie, jagen in Gruppen. Nachts durchstreifen sie die Riffe auf der Suche nach der kleinsten Bewegung ihrer Beute. Dieses Verhalten kann sehr gut in den Gewässern um die abgelegene Pazifikinsel Cocos beobachtet werden. Hier kommen Weißspitzen-Riffhaie zu hunderten zusammen und durchkämmen das felsige Terrain. Wird ein Fisch gesichtet, bestürmen die Haie das Riff. Ihre Haut ist so robust, dass sie ihren Kopf in die kleinsten Ecken und Winkel quetschen können und unbeschadet wieder herauskommen. Nach einer Nacht voll hektischer Betriebsamkeit verbringen sie den Tag dann entweder ruhend auf dem Meeresgrund oder gleiten um die Insel herum. Weißspitzen-Riffhaie gehören zu den wenigen Haiarten, die selbst dann Wasser durch ihre Kiemen pumpen können, wenn sie reglos im Wasser schweben.

Weißspitzen-Riffhaie und Graue Riffhaie werden häufig von Tauchern gesichtet. Während der Weißspitzen-Riffhai äußerst gutmütig ist, können Graue Riffhaie aggressiv sein, wenn sie provoziert werden. Sie können eine Länge von knapp über zwei Metern erreichen, verbringen den Tag in Bewegung und jagen ebenfalls nachts. Aber wehe dem Taucher, der sein Glück überstrapaziert! Wenn ein Grauer Riffhai sich in irgendeiner Weise bedroht fühlt, nimmt er eine Haltung ein, die höchste Anspannung verrät: Zunächst senkt er seine Brustflossen. Wenn der Taucher – oder auch ein anderer Hai – die Botschaft nicht versteht, geht das Tier zur nächsten Stufe über: Es krümmt den Rücken. Wenn ein Hai diese beiden Drohhaltungen einnimmt, ist es an der Zeit, sich zurückzuziehen. Der Hai kann blitzschnell zuschlagen, und ein solcher Angriff kann zu schweren Verletzungen führen.

**Vorhergehende Seiten**

Seite 22: Riffhai mit einem Küstensauger am Bauch.

Seite 23: Der Schwarzspitzen-Riffhai *(Carcharhinus melanopterus)* ist ein häufig anzutreffender Bewohner von Lagunen und Riffen im Pazifik und Indischen Ozean, hier in den Gewässern Tahitis.

Ebenfalls zu den *Carcharhinidae* gehört der gefährlichste Hai der Welt: der bis zu 3,50 Meter lange Bullenhai. Er tötet häufiger Menschen als fast jede andere Haiart, einschließlich des Weißen Hais. Ein Grund dafür ist seine bei Fischen selten anzutreffende Fähigkeit, sich sowohl in Salz- als auch in Süßwasser bewegen zu können. Er wurde schon kilometerweit im Binnenland in trüben Flüssen gesichtet. Wenn ein Mensch gezwungen ist, sich im Lebensraum eines Bullenhais häufig in einem Fluss aufzuhalten, setzt er sich einer großen Gefahr aus. Viele Haiangriffe dringen wegen der Abgelegenheit einiger Dörfer in Südamerika oder Südafrika nicht an die Öffentlichkeit.

Ein beeindruckendes Exemplar der *Carcharhinidae* ist der Ehrfurcht gebietende Tigerhai. Dieser Hai ist dafür bekannt, dass er so ziemlich alles frisst, was ihm bei der Nahrungssuche „über den Weg schwimmt". Die Untersuchung des Mageninhalts toter Exemplare förderte eine bizarre Vielfalt zutage: Nummernschilder, das Schienbein eines Jungen, ein Geweih, Hunde, Blechdosen und Autoreifen wurden gefunden.

Der größte registrierte Tigerhai hatte eine Länge von fast sieben Metern. Wie der Name schon andeutet, lässt sich die Art leicht durch ihre dem Muster des Tigerfells ähnlichen Streifen erkennen. Zunächst können diese Jäger vorsichtig und scheu wirken, das kann aber täuschen. Einen solchen Hai sollte man nicht falsch einschätzen.

Während Tigerhaie häufig in Zweier- oder Dreiergruppen anzutreffen sind – obwohl sie sehr wohl auch Einzelgänger sein können –, bündeln andere Mitglieder der *Carcharhinidae* ihre Kräfte. Ebenfalls in den nahrungsreichen Gewässern um die Insel Cocos befindlich ist der besonders fotogene, manchmal in großen Gruppen schwimmende Seidenhai. Dieser Typ Hai wird als „Hochseehai" oder als „pelagisch" bezeichnet, was bedeutet, dass er den Großteil seines Lebens im offenen Meer verbringt.

Bei der Fortpflanzung haben die Vertreter der *Carcharhinidae* ein Merkmal mit den Säugetieren gemein. Die Eier werden nicht nur im Leib befruchtet, diese Haie gebären auch lebende, voll ausgebildete Jungtiere. Häufig tragen Haiweibchen viele Narben vom Fortpflanzungsakt davon, da das Männchen währenddessen immer wieder das Weibchen beißt. Diese Narben werden manchmal auch als „Liebesbisse" bezeichnet.

Ein Grauer Riffhai kann nach einer langen Trächtigkeitsdauer von etwa einem Jahr ein bis sechs Junge gebären. Wenn es einen Schwachpunkt in der Herrschaft der Haie über die Weltmeere gibt, dann diesen. Es kann bis zu sieben Jahre dauern, bis ein Hai das Fortpflanzungsalter erreicht. In Gebieten, wo Haibestände durch Überfischung stark dezimiert werden (besonders zur Herstellung von Haifischflossensuppe), ist es schwierig und in manchen Fällen unmöglich, die Populationen aufrechtzuerhalten.

Der Seidenhai *(Carcharhinus falciformis)* ist ein großer, schlanker Hochseehai, der eine Länge von bis zu 3,50 Metern erreichen kann. Er schwimmt oft in großen Gruppen im tiefen Wasser, wo er Kalmare und andere Fische jagt.

**Links:** Graue Riffhaie *(Carcharhinus amblyrhynchos)* können übellaunig werden, wenn man sie provoziert. Sie sind häufig in starken Strömungen im Roten Meer, in den Gewässern der Malediven und bei Australien anzutreffen.

**Oben:** Dieser herrliche Weißspitzen-Hochseehai *(Carcharhinus longimanus)* wurde im Roten Meer vor Ägypten fotografiert. Er wird von den allgegenwärtigen Lotsenfischen begleitet, die sich wahrscheinlich von Resten seiner Mahlzeit ernähren. In Gebieten, wo sie denselben Lebensraum teilen, sind Weißspitzen-Hochseehaie häufig in Gesellschaft großer Herden von Grindwalen zu sehen. Diesen folgen sie sogar beim Abtauchen in die Tiefe.

Schwarzspitzen-Riffhaie *(Carcharhinus melanopterus)* nutzen Barrakuda-Schwärme als Deckung, wie hier bei Ras Mohammed im Roten Meer, wo sie sich gewöhnlich in den Sommermonaten aufhalten.

Der Tigerhai *(Galeocerdo cuvier)* kann eine Länge von bis zu sieben Metern erreichen und gilt als „Allesverwerter“ der Meere, da er bei der Nahrungssuche frisst, was sich verschlucken lässt. Tigerhaie werden als potenzielle Gefahr für Badende und Taucher angesehen.

Diese kleinen Fische schwimmen in den Gewässern der Bahamas „per Anhalter“ auf einer Druckwelle mit, die ein Grauer Riffhai erzeugt. Eine ausgezeichnete Möglichkeit, Energie sparend zu reisen und Beutereste zu erhaschen, die nach dem Fressen des Gastgebers übrig bleiben.

Karibische Riffhaie *(Carcharhinus perezi)* werden von allen Haien wahrscheinlich am häufigsten fotografiert, da sie sich durch Taucher kaum stören lassen. Diese Haiart weist eine grau bis gräulich braune Färbung auf, besitzt einen weißen Bauch und kann bis zu drei Meter lang werden.

Haifütterungen sind ein gutes Geschäft. Es wird geschätzt, dass jeder lebende Hai für die lokale Wirtschaft – aufgrund von Touristen, die mit Haien schwimmen möchten – einen jährlichen Wert von etwa 83 000 Euro besitzt. Auf den Malediven beispielsweise geben Taucher 1,9 Millionen Euro pro Jahr für Tauchgänge mit Haien aus. Das ist schätzungsweise 100-mal so viel wie der Exportwert des Haifleisches. Diese Haie wurden bei Walker's Cay auf den Bahamas bei der Fütterung fotografiert.

Bullenhaie *(Carcharhinus leucas)* sind wahrscheinlich die gefährlichsten Haie des Meeres und für mehr Todesfälle bei Menschen verantwortlich als jede andere Haiart. Es sind kraftstrotzende, Furcht einflößende Wesen, aber bei Walker's Cay auf den Bahamas gehen die Menschen in zwei Meter tiefem Wasser mit ihnen schnorcheln. Für diese Schwimmer besteht geringe Gefahr, weil das Wasser klar ist und die Haie sich nur für Fische interessieren. Ihre Sinne sind so empfindlich, dass sie leicht zwischen Menschen und ihrer Lieblingsnahrung unterscheiden können. In eher trüben Gewässern jedoch sollte man Bullenhaie unbedingt meiden.

Karibische Riffhaie nähern sich einer Kamera oder der Maske eines Tauchers häufig bis auf wenige Zentimeter, bevor sie in letzter Sekunde beidrehen. Diese Haie gelten allgemein als nicht aggressiv gegenüber Tauchern, aber es gibt dennoch Berichte über Angriffe auf Menschen.

# DIE GRÖSSTEN HAIE

Nicht alle Haie sind gefährlich. Denn wie in der Einführung erwähnt, fressen zum Beispiel die beiden größten Haie – und damit die beiden größten Fische, die die Meere durchstreifen – nichts Spektakuläreres als winziges Plankton. Beide Haiarten werden als sanfte Riesen des Ozeans bezeichnet. Der größere der beiden ist der anmutige, fotogenere Walhai, so genannt wegen seiner immensen Größe. Der zweitgrößte Fisch im Meer ist der etwas urzeitlich anmutende Riesenhai, der in kälteren Gewässern anzutreffen ist. Umfangreiche, aktuelle Studien zur Erforschung dieser Fische konzentrieren sich auf die Gruppen von Riesenhaien, die vor den Küsten Großbritanniens ihre Runden ziehen.

Im Fall des unverwechselbar gemusterten Walhais lässt sich sein wahres Ausmaß am besten anhand der eindrucksvollen Bilder von Tauchern oder Schnorchlern abschätzen, die ihr Möglichstes tun, um mit einem dieser gewaltigen Wesen Schritt zu halten. Ein klassischer roter Doppeldeckerbus aus London besitzt ungefähr dieselbe Größe: Walhaie werden etwa zwölf Meter lang, es gibt sogar auch Berichte über Riesen-Walhaie mit einer Länge von etwa 20 Metern. Damit wären sie größer als einige der voluminösesten Wale, die ja bekanntlich Säugetiere sind. Es ist zwar schwierig, das durchschnittliche Gewicht der größten Fische der Welt zu schätzen, aber es wurden schon Exemplare von über 34 Tonnen gewogen, mit gewaltigen Lebern, die allein mit einer ganzen Tonne zu Buche schlugen.

Für ein so großes Tier sind die Augen relativ klein. Wie beim Riesenhai scheint der größte Trumpf der Walhaie in ihrem großen Maul zu liegen. In dieser Hinsicht ähneln sie sehr ihren Namensvettern, den Walen. Wenn sie nahe der Oberfläche auf die Suche nach Plankton und anderen Kleinlebewesen gehen, kann ihr hocheffektives Kiemensystem in einer Stunde tausende von Litern Wasser filtern. Ein Unterwasserfilmemacher traute bei seiner ersten Begegnung mit einem Riesenhai vor der Küste Cornwalls seinen Augen kaum. „Ich sah dieses riesige Maul auf mich zukommen. Ich dachte wirklich, ich werde im Ganzen verschluckt." Glücklicherweise bestand kaum Gefahr. Weder der Walhai noch der Riesenhai können Größeres verschlingen als

Zu bestimmten Jahreszeiten versammeln sich Walhaie vor den Küsten von Ningaloo in Westaustralien, den Seychellen und Honduras, um vom üppig vorhandenen Zooplankton zu profitieren und das jährliche Laichen der Korallen zu nutzen.

Trotz ihrer immensen Größe bekommt man Walhaie nur sehr selten zu Gesicht. Erst in den letzten Jahren wurden Satellitenortungsprogramme gestartet, von denen man sich Hinweise auf ihre Verhaltensmuster erhofft.

**Oben:** Ein Walhai in nährstoffreichen Gewässern, umgeben von einem dichten Schwarm Füsiliere. Die Anwesenheit dieser Fische deutet auf ein großes Nahrungsangebot an Plankton hin.

**Rechts:** Walhaie stehen in einer Reihe von Ländern unter Artenschutz, darunter Australien, Honduras, Indien, die Philippinen und die USA. In Teilen Asiens werden sie immer noch legal gejagt.

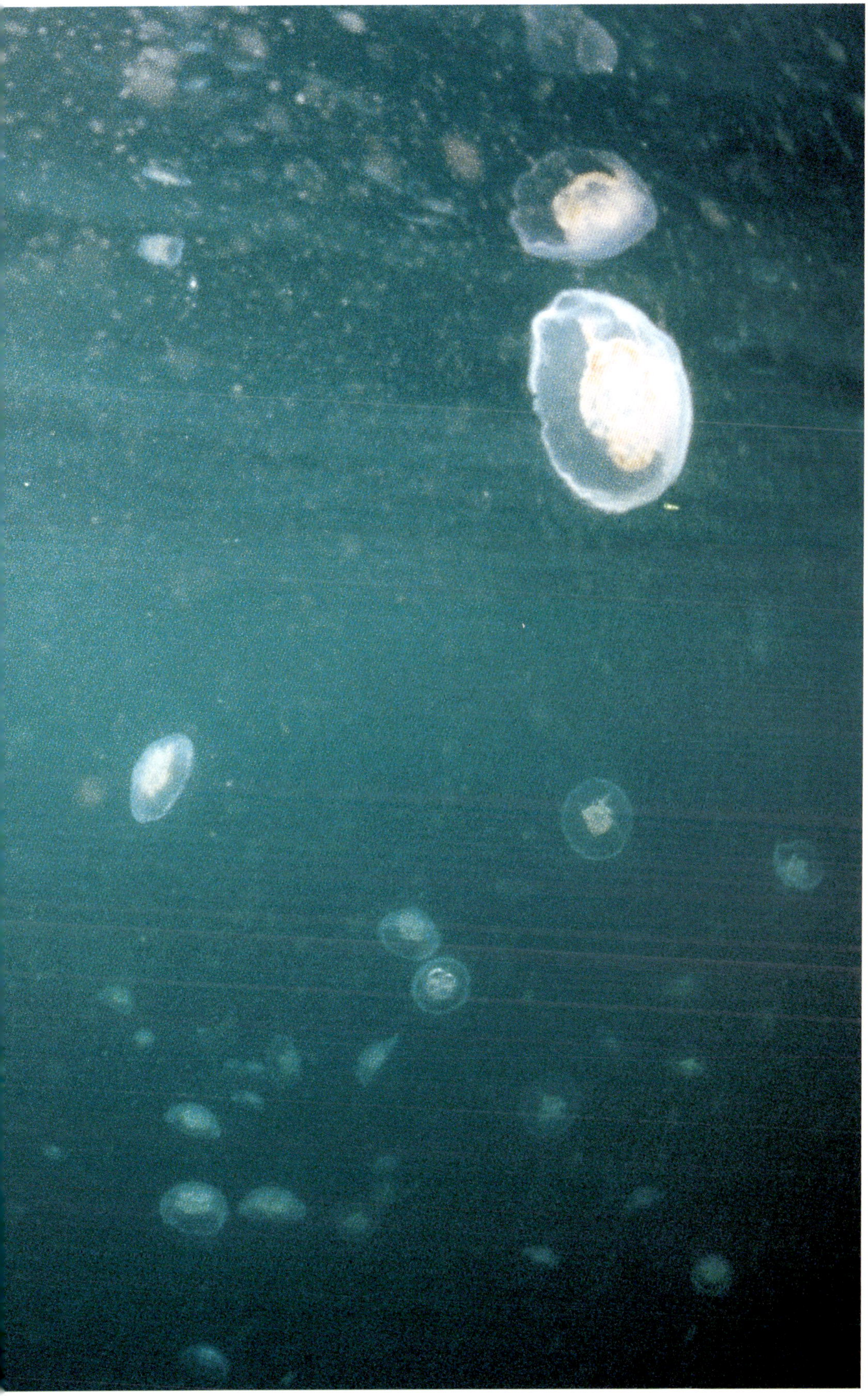

Ein Riesenhai *(Cetorhinus maximus)* zwischen Quallen filtert mit offenem Maul Plankton aus dem Wasser vor der Isle of Man. Diese riesigen Haie versammeln sich in den Sommermonaten manchmal zu hunderten und sind bei ruhiger See sogar von der Küste aus zu sehen.

Riesenhaie fressen, indem sie mit weit geöffnetem Maul umherschwimmen und dabei mit ihren Kiemenreusen (kleine, borstenartige Filtervorrichtungen auf den Kiemen selbst) Plankton und mikroskopisch kleine Tiere aus bis zu zwei Millionen Wasser pro Stunde filtern. Hin und wieder schließt der Hai beim Fressen die Kiemen und „spült" die Nahrung in seinen Rachen, wo sie dann geschluckt wird.

# HAIE UND MENSCHEN

Einem Hai einmal ganz nahe zu sein, gehört zu den am häufigsten genannten Abenteuern, die Menschen erleben wollen. Bemerkenswerterweise haben vier der fünf Spitzenplätze dieser „Erlebnis-Hitliste" mit der Natur zu tun. Während das Schwimmen mit Delfinen Traum Nummer eins ist, erreicht das Tauchen mit Haien einen mutigen fünften Platz.

Für Menschen mit großer Furcht vor Haien mag die Herausforderung extrem sein, arrangieren aber lässt sich so ein Tauchgang heutzutage ebenso einfach wie eine Reise über das Internet.

Die Einstellung gegenüber Haien hat sich in den letzten Jahrzehnten stark verändert. Vor noch nicht allzu langer Zeit dachten viele Menschen, der beste Hai sei ein toter Hai. Pioniere der Unterwasserfilmerei gehörten zu den sehr wenigen Menschen, die „mutig genug" waren, um mit Haien ins Wasser zu gehen. Jahrzehnte sind vergangen, seit Menschen wie Jacques Cousteau, Hans und Lotte Hass, Stan Waterman und das australische Ehepaar Ron und Valerie Taylor faszinierende Bilder der Unterwasserwelt in die Wohnzimmer brachten. Bilder von Menschen, die mit Haien im Wasser schwimmen, reichten aus, um bei den Fernsehzuschauern den Puls in die Höhe zu treiben, ganz zu schweigen von den vielen besorgten Tauchern.

Ein berühmter Film, *Blaues Wasser, weißer Tod* (1971), erschloss Neuland, weil er der erste bedeutende Dokumentarfilm war, der sich auf die Suche nach dem Weißen Hai begab. Peter Gimbels heldenhafte Reise führte das Team um die halbe Welt, aber die Bilder der Taylors und anderer Taucher, die die Sicherheit ihrer Käfige verließen und sich ins freie Wasser wagten, als Weißspitzen-Hochseehaie über einen toten Pottwal herfielen, waren elektrisierend. Der Walkadaver zog zwar keinen Weißen Hai an, aber dem Team gelang es schließlich doch noch, einen solchen aufzuspüren, und der Film wurde weithin als der aufregendste Haifilm seiner Zeit gefeiert.

Es überrascht kaum, dass auch Hollywood sich das Image der Haie zunutze machte. Auf den Bahamas engagierten die Macher der James-Bond-Filme einheimische Taucher, die mit Karibischen Riffhaien und Tigerhaien arbeiten sollten, um dramatische Szenarien für ihren Zel-

Bitte nicht nachmachen – selbst in einem Stahlgewebeanzug kann ein Taucher es kaum mit der Kraft eines entschlossenen Blauhais *(Prionace glauca)* aufnehmen, wenn es um Nahrung geht.

luloidhelden zu erschaffen. Die Filme *Sag niemals nie* und *In tödlicher Mission* machten die Insel Nassau zu einem der ersten großen Ziele für das Haitauchen. Es dauerte nicht lange, bis aus der ganzen Welt Besucher anreisten, die viel Geld bezahlten, um den berüchtigten Tieren bis auf wenige Zentimeter nahe kommen zu können.

Damit die Tauchveranstalter ihr Geschäft ausbauen konnten, musste der Anreiz jedoch in beide Richtungen funktionieren. Daher wurden die Taucher zu „Shark Wranglers" („Hai-Cowboys"), bewaffnet mit Eimern voller Fische. Bei dutzenden von Karibischen Riffhaien, die gefüttert werden sollten, brauchten die Taucher mit dem Futter einen guten Schutz. Es waren Menschen wie Valerie Taylor, die als Erste ein Kettenhemd (Tauchanzug aus Stahlgewebe) ausprobierten – der nun bei Haifütterungen zur Standardausrüstung gehört.

Es gibt Haifütterungen an vielen tropischen Orten. Für den Preis eines einfachen Abendessens für zwei Personen kann man mit ansehen, wie Haie sich ein Mahl aus Thunfisch und Makrele schmecken lassen. Diese Fütterungen finden in der Karibik oder Australien fast täglich statt. Der Taucher – häufig durch einen Stahlgewebeanzug oder zumindest durch Handschuhe aus Stahlgewebe und Armschützer gesichert – bringt Fischabfälle in einem versiegelten Kasten auf den Meeresgrund. Gasttaucher werden dann angewiesen, in fünf bis sechs Meter Entfernung einen Halbkreis um den Fütternden zu bilden. Innerhalb von Minuten erscheinen die ersten hungrigen Riffhaie. Unerfahrene Taucher fangen hier oft an zu keuchen, vor allem wenn ihnen einige Tiere buchstäblich zwischen den Beinen durchschwimmen. Bald nehmen die Haie Fischstücke entweder aus der Hand des Tauchers oder vom Ende einer Stahlstange. An diesem Punkt wird das Ganze zu einem wilden Gerangel. Die Haie schwimmen Taucher sogar über den Haufen, während sie um die Fischabfälle kämpfen. Es ist schon zu Unfällen gekommen, bei denen die Haie versehentlich Taucher gebissen haben – und teilweise schwere Wunden verursachten. Doch wenn man bedenkt, dass jährlich tausende solcher Tauchgänge stattfinden, sind diese statistisch gesehen nicht gefährlicher als beispielsweise Fahrradfahren.

Die Gründe, warum Menschen zu Haien ins Wasser steigen, sind verschieden. Manche genießen den Adrenalinstoß, andere versuchen, eine Phobie zu bewältigen, und wieder andere sehen den Hai als potenziell gefährliches, aber wunderschönes Lebewesen, das sie eher bewundern als fürchten. Viele Menschen haben eine andere Einstellung zu Haien, nachdem sie ihnen begegnet sind. Das am häufigsten verwendete Wort nach einem Tauchgang mit Haien ist „Respekt".

Während Jacques Cousteau viele mit dem Zauber der stillen Unterwasserwelt bekannt machte, hat heutzutage die Jagd nach Einschalt-

**Vorhergehende Seiten**

Seite 56: Eine Begegnung aus nächster Nähe mit einem Hai ist für jeden Taucher ein denkwürdiges Erlebnis.

Seite 57: Haitourismus in Aktion: Dutzende Karibischer Riffhaie *(Carcharhinus perezi)* erscheinen zur Fütterung in den Gewässern der Bahamas und bieten zahlenden Gästen dabei eines der aufregendsten Erlebnisse mit diesen Tieren in freier Wildbahn.

quoten tausende von Fernsehstunden über Haie hervorgebracht, präsentiert von enthusiastischen Wissenschaftlern oder bekannten Moderatoren.

Am Dangerous Reef in Südaustralien und bei Dyer Island vor Südafrika wurde das Käfigtauchen mit Weißen Haien auch für Touristen erlebbar gemacht. Wer möchte, verbringt eine kurze, aber Herzklopfen verursachende Begegnung in der Sicherheit eines Stahlkäfigs. Ein bis zu vier Meter langer Weißer Hai, der das Maul öffnet und mit seinen riesigen Zähnen in die Käfigstäbe beißt, kann den Höhepunkt des Tauchgangs darstellen.

Aber selbst das wird von den Aktivitäten einer Hand voll Haiexperten in den Schatten gestellt. Menschen wie André Hartmann verursachten als Erste Herzrasen bei den Zuschauern, indem sie die Schnauzen von Weißen Haien streichelten, die ihren Kopf aus dem Wasser streckten, um die Boote zu erkunden. Hartmann und einige andere gingen bis an die Grenzen ihrer Nervenkraft, als sie beschlossen, ohne Ausrüstung mit Weißen Haien zu tauchen, mit keiner anderen „Schutzvorrichtung“ als ihrem Verstand. Da ein Hai leicht einen beschleunigten Herzschlag ausmachen kann, gehört dies sicher nicht zu den empfehlenswerten Ausflügen für nervöse Naturen.

Nichts für Furchtsame oder Unerfahrene! In Südafrika berührt der Apnoetaucher Michael Rutzen die Nase eines Weißen Hais *(Carcharodon carcharias)*.

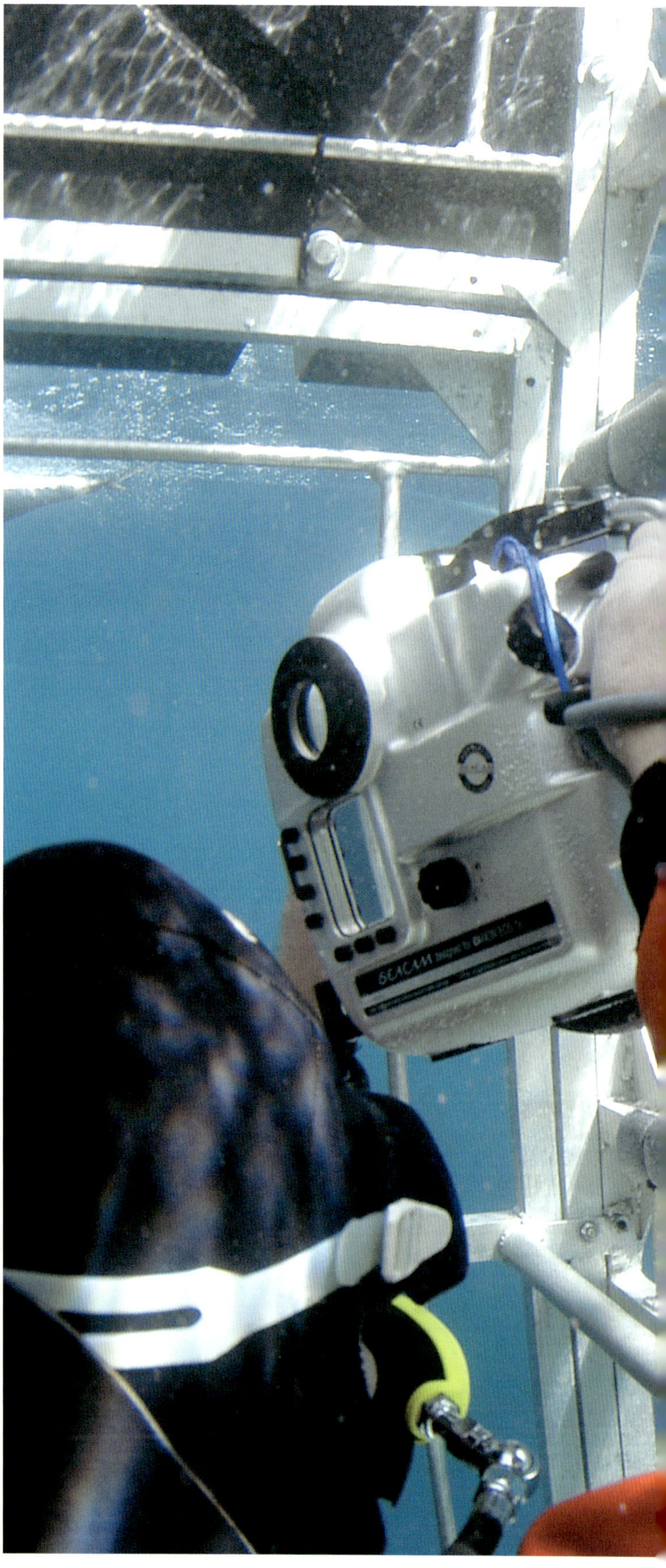

**Oben:** Der preisgekrönte Unterwasserfotograf Douglas David Seifert schoss diese Bilder bei Forschungsarbeiten über den Weißen Hai vor der Küste der Insel Guadeloupe. Hier befindet sich das unlängst entdeckte Ziel für alle, die den berühmtesten Hai in klarem blauen Wasser sehen möchten. Fischabfälle aus Thunfischfleisch, Fischblut und Öl werden verwendet, um die Haie zu den Käfigen zu locken.

**Rechts:** Ein Taucher betrachtet die Haie aus der Sicherheit eines Stahlkäfigs. Diese Art des Tourismus entstand zuerst in Südaustralien und Südafrika, wo relativ viele Weiße Haie vorkommen.

**Links:** Nachdem Hollywood damit begonnen hatte, in James-Bond-Filmen Haie einzusetzen, wurden Haifütterungen in den Gewässern der Bahamas zur Touristenattraktion. Dies hat sich bis heute nicht geändert.

**Oben:** Neben den perfekt entwickelten Konturen des Hais erscheint der Mensch fast fehl am Platz. Aber für das Privileg, einem Hai so nahe zu kommen, zahlen Touristen weltweit jedes Jahr bereitwillig sehr viel Geld.

Obwohl dieser Große Hammerhai *(Sphyrna mokarran)* andere Haie frisst, zeigt er kein Interesse an dem herannahenden Taucher, der ihn fotografieren will. Sie sind äußerst gut ausgerüstet für die Jagd. Jedes Auge kann unabhängig vom anderen ein Objekt fokussieren, während die empfindlichen Sinnesorgane am Kopf winzige elektrische Impulse aus der Umgebung aufspüren.

Manche Menschen kommen dem Hai aufgrund von wissenschaftlichen Studien sehr nahe. Der mutige Freiwillige Mike Braun schiebt einen Tigerhai (*Galeocerdo cuvier*) durch das Wasser, um ihn aus der Narkose zu wecken. Diese war nötig, um den Hai im Zuge eines Forschungsprogramms der Universität von Miami in den Gewässern vor den Bahamas zu vermessen und zu markieren.

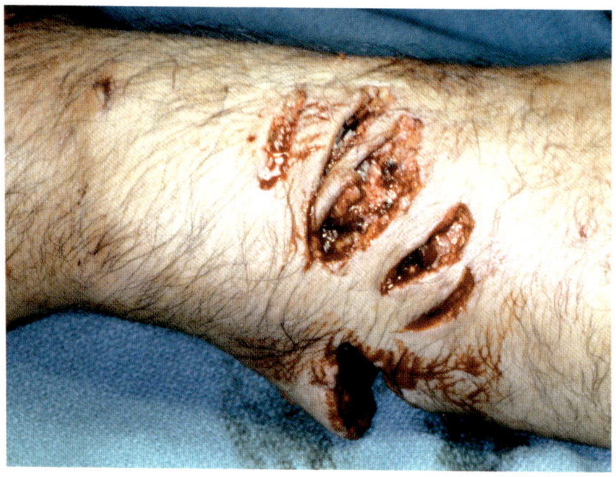

# HAIOPFER

Bethany Hamiltons Leben ist das Surfen. Wie die anderen Menschen, von denen in diesem Kapitel die Rede sein wird, gehört sie zu einem exklusiven, aber wenig beneidenswerten Club. Bethany war Opfer eines Haiangriffs, bei dem sie einen Arm und beinahe auch ihr Leben verlor.

Sie war 13 Jahre alt. Eines Morgens im Oktober 2003 ging Bethany ihrem liebsten Hobby nach: Surfen vor der Küste des weltberühmten North Shore von Hawaii. Was an jenem Tag geschah, sollte ihr Leben verändern. Während Bethany auf eine Welle wartete, hing ihre linke Hand ins Wasser. Sie sah den Hai nicht einmal. „Es dauerte nur ein paar Sekunden. Ich weiß noch, wie das Wasser um mich herum von meinem Blut hellrot wurde. Dann sah ich, dass mein Arm fast bis zur Schulter abgebissen worden war." Zum Glück waren Menschen am Strand, deren sofortige Hilfe ihr das Leben rettete. Ein Freund nahm eine Surfleine als Aderpresse, um die starke Blutung aus dem Armstumpf zu stoppen.

Der Schuldige war in diesem Fall wahrscheinlich ein großer Tigerhai. Die Einwohner jagten und töteten den Hai, den sie für verantwortlich hielten, weil sie glaubten, dessen Gebiss passe perfekt zu den Spuren an Bethanys Körper.

Ihre Geschichte brachte sie sofort in die Schlagzeilen. Ihre bemerkenswert rasche Genesung und ihr Wunsch, wieder ins Wasser zu gehen, machten sie zu einer Berühmtheit, die Journalisten aus der ganzen Welt endlose Interviews gab. In ihrer Einstellung ihrem Angreifer gegenüber findet sich nicht die geringste Schuldzuweisung. Ihre einfache, aber von Reife zeugende Philosophie lautet: „Na ja, wenn du an der Reihe bist …"

Während manche Menschen, die auf diese Weise verletzt wurden, ihr Selbstvertrauen verloren oder sich komplett zurückgezogen haben, baute sich Bethany mithilfe von Familie und Freunden ihr Leben um den Sport, den sie so liebt, wieder auf. Sie schrieb sogar ein Buch über ihre Erlebnisse, *Soul Surfer*. Bethany ist über ihren schrecklichen Unfall hinweggekommen – sie weigert sich, ihre Armprothese zu tragen – und nimmt mit Begeisterung an Surfveranstaltungen teil. Aber sie wusste, dass sie von diesem Tag an nur noch als „das Surfermädchen, dem ein Hai den Arm abbiss" bekannt sein würde.

ripcurl
SURF ONE
angel
eyewear
ripcurl

Warum sie angegriffen wurde, ist ein anderes Thema. Haie sind keine vorsätzlichen Mörder. Es ist hilfreich, sich ihre normale Beute vorzustellen und sich dann zu überlegen, wie ein Surfer für einen unter ihm schwimmenden Hai aussehen muss. Es ist gut möglich, dass ein Surfbrett mit über die Ränder baumelnden Armen oder Beinen einer Robbe oder einer Meeresschildkröte ähnelt. Da Surfer einen großen Anteil der Haiopfer ausmachen, sind Wissenschaftler davon überzeugt, dass der Großteil der Angriffe Fälle von Verwechslung sind. Häufig wird das Opfer nach dem ersten Biss in Ruhe gelassen, weil es nicht zum eigentlichen Speiseplan des Hais gehört.

Chris Sullivan, ein Lehrer aus Newquay in Cornwall, Großbritannien, war auch so ein Opfer. Er verbrachte seinen Urlaub mit Freunden beim Surfen vor Noordhoek in Südafrika. Eines schönes Tages bemerkte er einen großen Schatten unter sich. Es war ein Weißer Hai, und Chris wusste, dass er ihm irgendwie ausweichen sollte. Aber der Hai biss ihn ins Bein und zog ihn auf seinem Surfbrett hinter sich her. Scherzhaft bemerkte Chris später: „Ich schlug ein paarmal auf ihn ein. Ich fühlte, wie mein Bein freikam, aber die Zähne waren so scharf, dass es nicht mal wehtat."

Chris war schwer verwundet, doch er hatte Glück, dass keine Knochen gebrochen oder lebensbedrohliche Blutungen entstanden waren. Tatsächlich gelang es ihm, den Strand zu erreichen – sein Tauchanzug hielt das zerfetzte Bein zusammen. Wie Bethany konnte er von Glück reden, dass Menschen in der Nähe waren, die mit bemerkenswerter Schnelligkeit auf seine Verletzungen reagierten. Obwohl er die Wunden sehen konnte, lachte und scherzte er während der ganzen Tortur. Chris musste im Krankenhaus mit rund 200 Stichen genäht werden, aber er erholte sich fast vollständig. Seine Geschichte fand ebenfalls großes Interesse bei den Medien. Auch ihn brachte seine Begeisterung für das Meer dazu, in der Nähe seiner Heimat in Cornwall, einem Dorado für Surfer in Großbritannien, wieder ins Wasser zu gehen. Natürlich, sagt Chris, zucke er unwillkürlich zusammen, wenn er einen merkwürdigen Schatten sehe, aber er beruhige sich dann schnell mit der vernünftigen Erklärung, dass es hier keine Haie gebe – nun, zumindest nur die harmlosen Riesenhaie!

Chris ist von Haien begeisterter denn je, und er leistet, was er nur kann, um zu zeigen, dass diese erstaunliche, geheimnisvolle Tiere sind, die besser verstanden werden sollten. Chris' Mission brachte ihn in Kontakt mit einem anderen Opfer, das von einem südafrikanischen Weißen Hai attackiert worden war. Aus diesem Kontakt entstand eine enge Freundschaft.

Craig Bovim hatte sich am 24. Dezember 2002 vorgenommen, Hummer für das Weihnachtsessen zu fangen. Es herrschten furchtbare Wetterbedingungen in Scarborough. Der Seegang war ziemlich stark und die Sicht im Wasser dementsprechend schlecht. Während Craig schnorchelte, schwamm plötzlich ein Weißer Hai so nahe neben ihm, dass er alle Einzelheiten, jede Narbe und Verletzung auf dessen Körper ausmachen konnte. Haiweibchen tragen oft Narben von der Paarung, Craig glaubt, in diesem Fall zeugten sie von Kämpfen zwischen Männchen.

Dann verlor er den Hai aus den Augen. „Ich bekam es richtig mit der Angst zu tun. Im nächsten Moment sah ich die Flosse direkt auf mich zukommen wie ein Schnellboot." Der Hai biss in Craigs Arme und begann, ihn aufs offene Meer zu ziehen. Irgendwie gelang es Craig, sich aus dem Maul zu befreien, aber er erlitt schwere Fleischwunden am Arm. Auch sein Bein wurde zerbissen. Als Craig den Strand erreichte, blutete er stark und brauchte schnellstens medizinische Hilfe. Viele Operationen später kann Craig seinen linken Arm wieder vollständig benutzen, seinen rechten jedoch nur zu 30 Prozent.

Bis zu diesem Angriff hatte er so wenig an Haie gedacht, sagt Craig, dass er sich seiner

**Vorhergehende Seiten**

Seite 68: Eine Bisswunde von einem zwei Meter langen Hai.

Seite 69: Bethany Hamilton lächelt wieder, nachdem sie sich von dem Haiangriff beim Surfen vor Hawaiis North Shore erholt hat. Sie ist wild entschlossen, das Leben auszukosten.

damaligen Unwissenheit fast schäme. Seitdem hat er es sich zur Aufgabe gemacht, die Art, wie Haie von Menschen behandelt werden, infrage zu stellen. So ist er ein erbitterter Gegner des Käfigtauchens mit Köder. „Früher gab es Trophäenjäger, die Haie töteten. Heute verdienen Leute Geld mit Haitourismus. Machen wir doch den nächsten Schritt, und begnügen wir uns mit passivem Beobachten der Tiere – ohne sie zu ködern." Craig Bovim und Chris Sullivan sind der Ansicht, dass niemand mit Bestimmtheit wissen kann, ob das Füttern von Weißen Haien ihr Verhalten ändern und damit die Gefahr für den Menschen erhöhen kann. „Und deshalb sollten wir das Risiko nicht eingehen", argumentiert Craig. Trotzdem ist die Gefahr gering, statistisch gesehen wird der Mensch eher vom Auto überfahren oder vom Blitz getroffen als von einem Hai gebissen.

Tony White, preisgekrönter britischer Unterwasserfotograf, wollte Bilder eines erstaunlichen Phänomens in Südafrika schießen, dem so genannten *Sardine Run*: Milliarden Sardinen wandern an der Küste entlang Richtung Norden und versetzen zehntausende von Meeresan- und -bewohnern in einen Fressrausch – von Delfinen und Seevögeln bis zu Thunfischen und Haien.

Tony verlor bei seinem ersten Tauchgang innerhalb weniger Minuten beinahe einen Arm. Sein Fehler, sagt er, bestand darin, sich über einem so genannten *baitball,* einem zu Schutzzwecken dicht gedrängten, kugelförmigen Fischschwarm, aufgehalten zu haben. Als ein Kupferhai durch den *baitball* schoss, um sich an diesem gütlich zu tun, erfasste er Tonys Unterarm mit solcher Wucht, dass dieser aus dem Wasser geschleudert wurde. Dank der schnellen Einlieferung Tonys in ein Krankenhaus, in dem Ärzte mit Haiverletzungen vertraut waren, konnte der Arm wieder genäht werden. So wie seine Leidensgenossen musste auch Tony die Angst überwinden, wieder ins Wasser zu gehen, um seinen Beruf weiter ausüben zu können. Aber er stieg wieder hinein und das mit einer klaren Botschaft: „Der Hai griff mich nicht an – er biss mich ganz einfach aus Versehen."

Bei allem Rummel und aller Sensationslust um Haiopfer sind die Menschen, die sich tatsächlich zwischen den Zähnen eines Hais befanden, häufig die Ersten, die diese Tiere verteidigen.

Das vielleicht berühmteste Haiopfer der Welt ist der Australier Rodney Fox. 1963 brachte ihm ein Weißer Hai so schwere Wunden bei, dass sein Überleben an ein Wunder grenzt. Er musste mit 462 Stichen genäht werden. Stolz rühmt er sich: „Seitdem habe ich den Großteil meines Lebens der Würdigung, dem Schutz und der Erforschung des Weißen Hais gewidmet."

Es wird auch in Zukunft Haiopfer geben, die Urangst des Menschen vor Haien und die Faszination, die sie auf ihn ausüben, werden ebenfalls bleiben. Aber vielleicht wird sich das Verständnis für diese einzigartigen Tiere weiter verbessern und dabei helfen, das Reich des Hais zu bewahren.

Der Unterwasserfotograf Tony White schoss Fotos vom *Sardine Run*, der Wanderung von riesigen Sardinenschwärmen vor der südafrikanischen Küste, als ein Kupferhai *(Carcharhinus brachyurus)* ihn am rechten Arm packte und aus dem Wasser schleuderte. Seine Genesung verlief ausgezeichnet, und Tony betont, dass es kein Angriff war. Der Hai biss ihn einfach „aus Versehen".

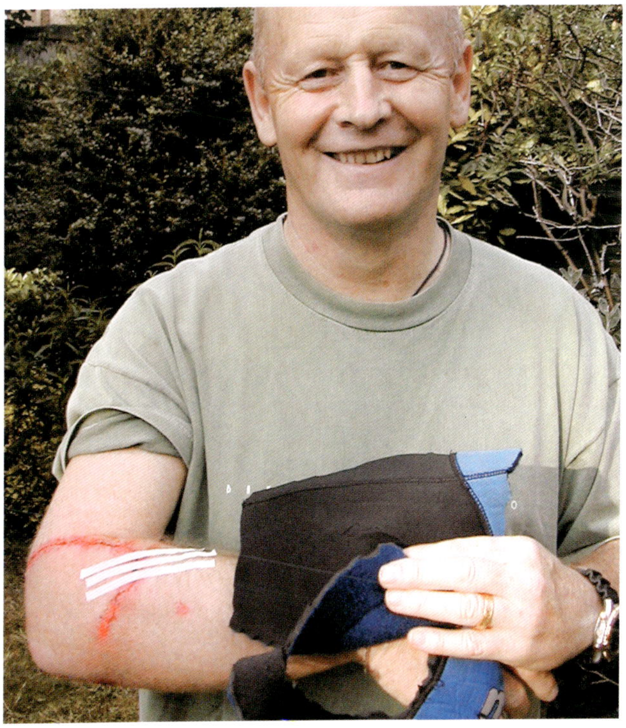

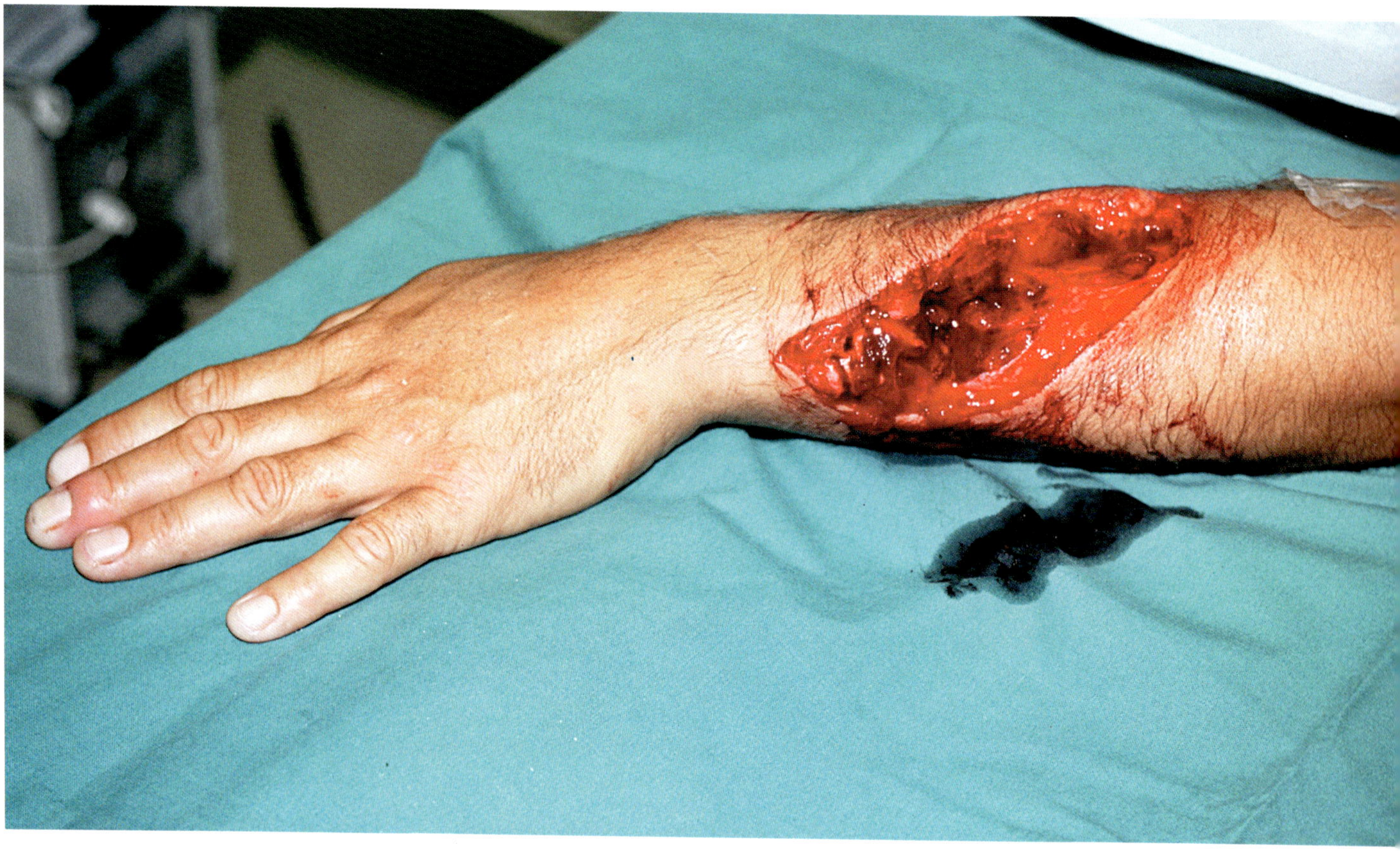

Craig Brown wurden beinahe die Arme von einem Weißen Hai abgerissen, als er in Strandnähe in Südafrika schnorchelte. Den rechten Arm kann er immer noch nicht vollständig bewegen. Craig setzt sich dennoch für einen tier- und umweltfreundlicheren Haitourismus ein.

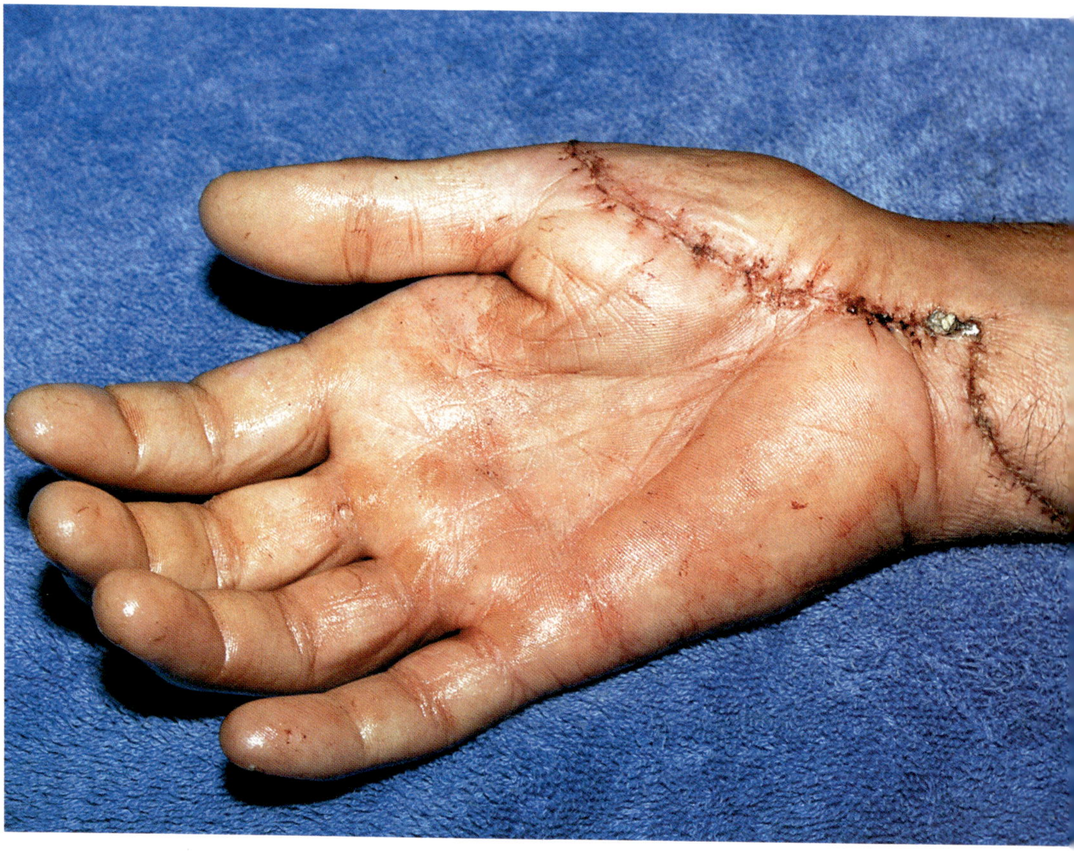

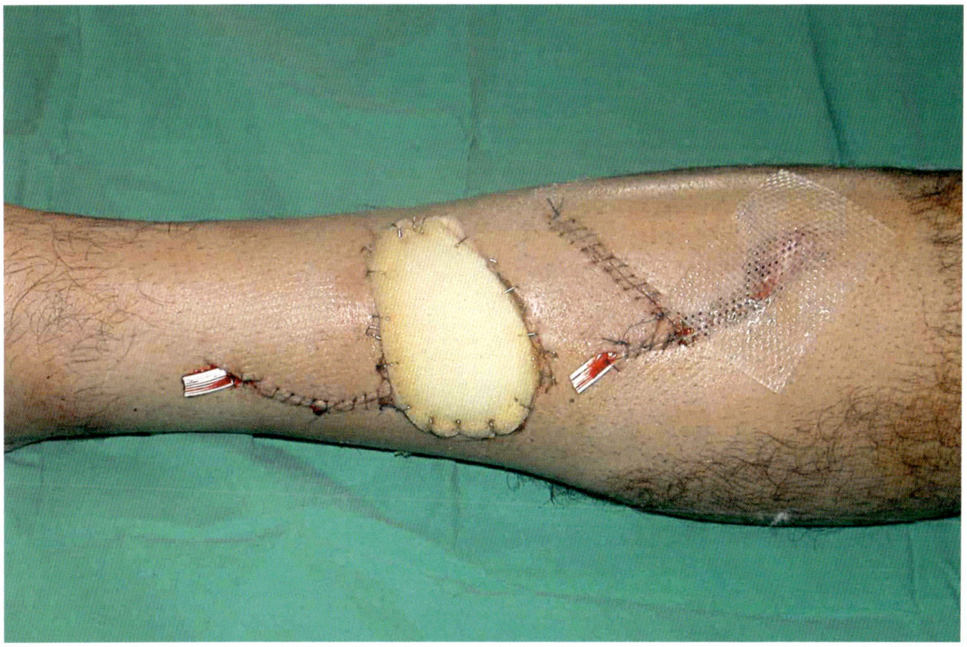

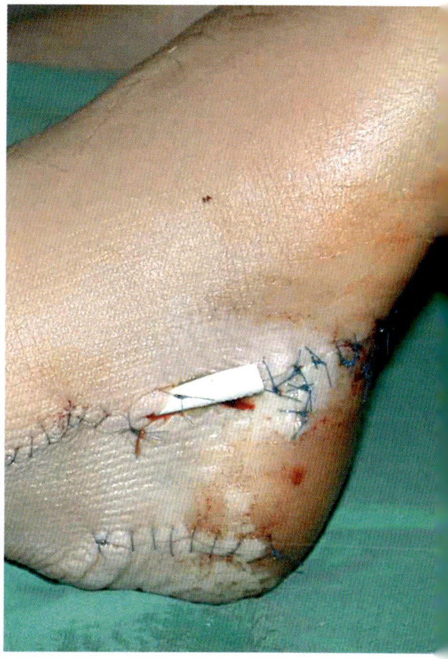

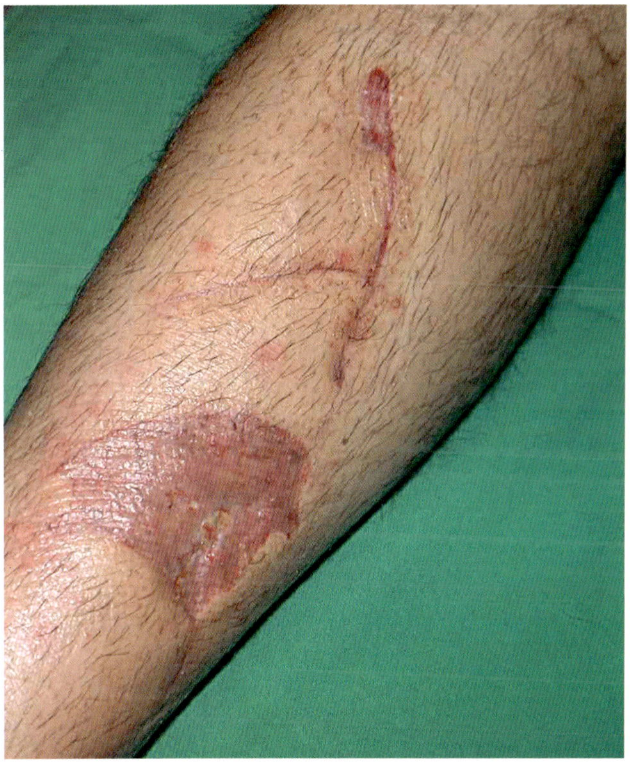

Chris Sullivan, ein Lehrer aus Newquay in Cornwall, musste mit sehr vielen Stichen genäht werden, nachdem ihn ein Weißer Hai beim Surfen in Südafrika ins Bein gebissen hatte. Nach dem Unfall wuchs seine Begeisterung für Haie. „Es sind erstaunliche, geheimnisvolle Tiere, die wir besser verstehen lernen sollten", sagt er. **Rechts:** Chris mit seiner Lebensgefährtin Barbara Robinson und zerbissenem Surfbrett und Neoprenschuh.

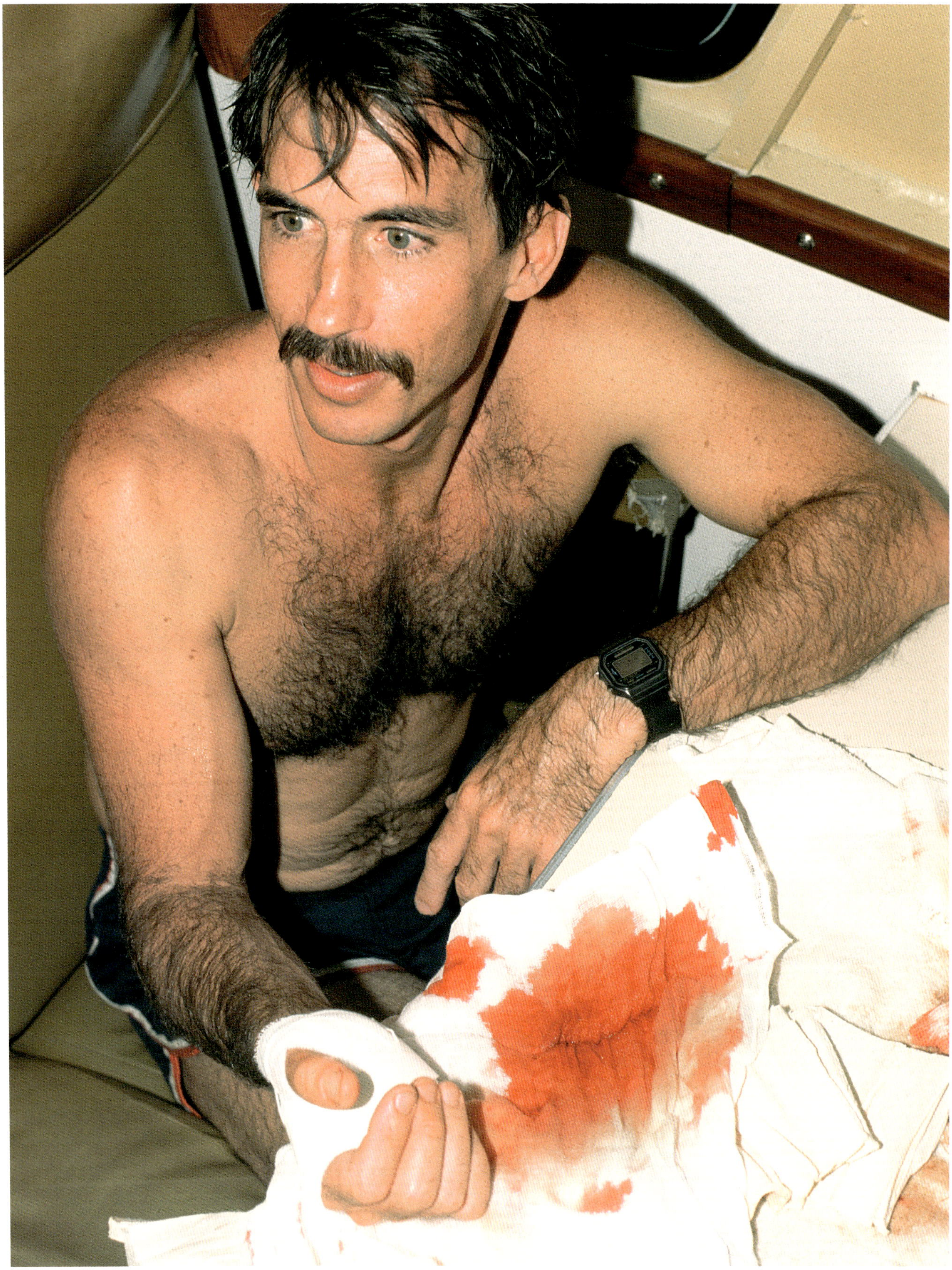

**Links:** Unterwasserfotograf Doug Perrine lässt 1988 seine schwer verwundete Hand behandeln, nach einem Angriff eines Karibischen Riffhais in den Gewässern der Bahamas.

**Rechts:** Von unten betrachtet, ähnelt die Silhouette eines Surfers der einer Robbe oder Meeresschildkröte, was Haie zum Angriff verleiten könnte.

**Unten:** Der Australier Rodney Fox wurde 1963 als Opfer eines Weißen-Hai-Angriffs weltberühmt, bei dem er beinahe ums Leben kam. Rodney musste mit unzähligen Stichen an Armen und Bauch genäht werden. Seitdem setzt er sich unermüdlich für Haie ein, erklärt Menschen den Rang dieser Tiere in der Nahrungspyramide und engagiert sich dafür, dass Haie nicht mehr für Haifischflossensuppe getötet werden.

# DER WEISSE HAI

Als Steven Spielberg den Blockbuster *Der Weiße Hai* drehte, schuf er ein Monster. Der berühmte, unvergessliche „dum-da-dum-da"-Rhythmus wurde zum Symbol für alles Furchterregende rund um den berüchtigtsten – und möglicherweise gefährlichsten – Fleischfresser des Meeres, den Weißen Hai.

Angesichts der großen, rasiermesserscharfen Zähne, die aus dem wuchtigen, vorstülpbaren Kiefer ragen, ist es schwer zu glauben, dass es sich hier eigentlich nur um einen großen Fisch mit relativ kleinem Gehirn handelt.

Weiße Haie sind in der Tat Superhaie, die in einer eigenen Liga spielen. Sie haben über mehr als 100 Millionen Jahre so fein geschärfte Tötungsinstinkte entwickelt, dass es nicht überrascht, sie konkurrenzlos an der Spitze der Nahrungskette im Meer vorzufinden.

Ein großes Tier kann über sechs Meter lang und kolossale 3400 Kilogramm schwer werden. Wissenschaftler haben berechnet, dass ein Weißer Hai beim Zubeißen einen tödlichen Druck von mehr als drei Tonnen pro Quadratzentimeter ausübt. Legenden zufolge soll es riesige Weiße Haie von mehr als neun Meter Länge gegeben haben. Ein legendäres Exemplar vor der Küste Südafrikas soll so groß gewesen sein, dass es als das „U-Boot mit Zähnen" bekannt wurde.

Fast immer wenn man Bilder vom Weißen Hai zu Gesicht bekommt, ist das Maul weit aufgerissen, die Schnauze blutig, die Augen pechschwarz und, am schrecklichsten von allem, die gezackten Zähne so scharf, dass sie durch das zäheste Fleisch schneiden wie ein Messer durch Butter – Furcht erregende Killer, die dem Opfer entsetzliche Wunden zufügen können. Der Film *Der Weiße Hai* bekräftigte den Ruf des Tieres als Menschenfresser. Die Handlung war überzeugend: Sie basierte auf der Vorstellung, dass einige Haie nahezu grundlos und absichtlich Menschen jagen. Der grässliche Anblick eines einsamen Schwimmers, der zerrissen wird, erschütterte Zuschauer auf der ganzen Welt. Die Auswirkungen des auf Peter Benchleys Bestseller *Jaws* (zu Deutsch „Kiefer") basierenden Films waren so stark, dass tausende von Haien von Menschen getötet wurden – angeheizt von einer irrationalen Angst.

Ein Weißer Hai, von der Schnauze bis zur Schwanzflosse, zeigt seine helle Unterseite, während er nahe der Oberfläche schwimmt.

Aber die Wahrheit kommt erst jetzt ans Tageslicht. Attacken von Weißen Haien sind selten; tatsächlich töten Haie durchschnittlich nur zwölf Menschen pro Jahr. Die schrecklichen Auswirkungen von Haiangriffen und die grausame Faszination des Schreckens führen dazu, dass solche Todesfälle häufig in allen blutrünstigen Details weltweit Schlagzeilen machen.

Studien zum Verhalten von Haien in Südaustralien, Südafrika und der Westküste der USA – besonders Kalifornien – haben eine Vielfalt von Verhaltensmustern gezeigt. Diese geben deutliche Hinweise darauf, wie und warum Haie angreifen.

Weiße Haie haben sich als äußerst raffinierte Wesen erwiesen. Ihre Hauptnahrung besteht aus Robben und Seelöwen sowie aus Fischen wie Thunfisch, die ihnen einen hohen Fettgehalt bieten. Aber Robben sind extrem wendige Tiere und im Fall einer Verfolgungsjagd ihren monströsen Angreifern in dieser Hinsicht mehr als ebenbürtig. Daher taktiert der Hai und macht verborgen vor ihren Blicken aus den trüben Tiefen heraus Jagd auf sie. Er sucht nach Anzeichen für ein Opfer, dessen Wachsamkeit auf dem Weg zurück zur Küste nach dem Fressen vielleicht gerade nachgelassen hat. Wenn der richtige Zeitpunkt gekommen ist, rast der Hai urplötzlich mit einer solchen Geschwindigkeit gegen die Robbe, dass dabei das ganze Tier die Wasseroberfläche durchstoßen kann. Bei einem erfolgreichen Schlag ist die Robbe nach dem ersten Angriff so gut wie tot. Dann umkreist der Hai seine Beute einfach, bis er sie ohne Gefahr fressen kann, denn er will nicht riskieren, dass eine verletzte Robbe ihm die Augen zerkratzt. Manche Haie haben eine so genannte Nickhaut, die das Auge in den letzten Zügen des Angriffs schützt; dem Weißen Hai jedoch fehlt diese Anpassung, und er verdreht seine Augen als Schutz stattdessen nach hinten.

Weiße Haie gehören zur Familie der Makrelenhaie (*Lamnidae*), zu denen auch der torpedoförmige Kurzflossenmako zählt. Diese Haie sind in der Lage, Wärme in ihrem Blut zu erzeugen. Da sich Weiße Haie in aller Regel in kälteren Gewässern aufhalten, kann sie ein Anstieg der Körpertemperatur von zehn Grad Celsius schneller und reaktionsfähiger werden lassen. Bei der Jagd auf ein warmblütiges Säugetier kann diese Fähigkeit den entscheidenen Ausschlag für Erfolg oder Niederlage bedeuten.

Häufig werden im Fernsehen Weiße Haie gezeigt, die Boote angreifen oder sich in Haikäfigen verbeißen. Lange Zeit galt dieses Verhalten als Beweis für wahllose Feindseligkeit. Forschungen haben jedoch gezeigt, dass sich der Hai in den letzten Stadien eines tödlichen Angriffs auf seine hypersensible Schnauze verlässt, da diese mit winzigen Poren (Lorenzinische Ampullen) übersät ist, die schwache elektrische Impulse aufspüren können. Im allerletzten Moment kann der

**Vorhergehende Seiten**

Seite 76: Der Weiße Hai *(Carcharodon carcharias)* in seiner ganzen Pracht als Nummer eins der Meeresjäger.

Seite 77: Die Rückenflosse eines Weißen Hais in der Nähe eines Strandes reicht aus, um Panik unter den Badegästen auszulösen.

Hai daher vom vergleichsweise starken elektromagnetischen Feld eines Boots oder Metallkäfigs verwirrt werden. Der Instinkt lässt ihn kräftig zubeißen, und da er keine Zunge besitzt, ist dies auch seine Art zu „schmecken".

Menschen gehören nicht zu den bevorzugten Speisen des Hais, da sie im Vergleich zu seiner normalen Nahrung einen geringen Fettanteil besitzen. Es ist auch falsch, den Weißen Hai als Menschenfresser Nummer eins zu bezeichnen, denn er ist nur für 10 bis 20 Prozent der Angriffe auf Menschen verantwortlich. Diese Attacken werden inzwischen weithin als Fälle von Verwechslung angesehen.

Als der Autor Peter Benchley *Jaws* schrieb, war noch wenig über Haie bekannt. Heute gibt er freimütig zu, dass seine Arbeit viel zur Dämonisierung der Tiere beigetragen habe, und sagt, er würde diese Geschichte heute nicht mehr schreiben, da er so viel mehr über Haie wisse. Benchley, seit vielen Jahren Taucher, hat den Nervenkitzel genossen, dem Weißen Hai von Angesicht zu Angesicht gegenüberzutreten – wenn sich Peter dabei auch in einem Käfig befunden hat. Er beschreibt die Begegnungen als demütig machende Erfahrung mit einem faszinierenden Tier.

Er kann die Uhr nicht zurückdrehen. Aber mehr als drei Jahrzehnte nach Veröffentlichung des Buchs hofft er, dass es sein Vermächtnis sein wird, beim Kampf um den Schutz des viel gescholtenen und missverstandenen Weißen Hais mitgeholfen zu haben.

Peter Benchley, der Autor von *Jaws*, in wenigen Meter Entfernung von dem Tier, zu dessen Dämonisierung er beitrug. Im Rückblick sagt er, er würde dieses Buch so nicht mehr schreiben, und er sei jetzt ein hingebungsvoller Fan des Weißen Hais.

**Oben:** Das Schauspiel eines 1360 Kilogramm schweren Weißen Hais, der aus dem Wasser springt, ist erst in den letzten Jahren beobachtet worden. Experten glauben, dass der Hai aus der Tiefe mit solcher Geschwindigkeit auf seine Beute zuschießt, dass er dadurch einen Luftsprung vollführt. Weiße Haie können mithilfe einer Robbenattrappe, die an einem Boot hängt, zum Springen gebracht werden.

**Rechts:** Das berühmte Maul eines Weißen Hais mit den großen, gezackten Zähnen. Die oberen Reihen werden zum Aufschlitzen verwendet, während sich die unteren Zähne in der Beute festbeißen können. Jedes Mal, wenn Haie bei einem Angriff Zähne verlieren, rücken welche aus den hinteren Reihen nach vorne. Schätzungsweise „verbraucht" ein Hai in seinem Leben bis zu 5000 Zähne.

Weiße Haie sind häufig von Narben gezeichnet, Überbleibsel vergangener Kämpfe mit Artgenossen. Die Wunden beim Weibchen können auch von Männchen verursacht worden sein, die sie beim recht brutalen Fortpflanzungsakt gebissen haben. Die Narben der Männchen stammen teilweise von Kämpfen um die Vorherrschaft innerhalb ihrer Gemeinschaft.

Drama in einem Makrelenschwarm, der versucht, dem Maul eines entschlossenen Jägers zu entkommen.

Es ist nicht ungewöhnlich, dass ein Weißer Hai seinen Kopf aus dem Wasser hebt. Dieses Verhalten wird als *spyhopping* (Ausschauhalten) bezeichnet und ist ein gutes Beispiel für die funktionale Wendigkeit des Hais, da an der Oberfläche schwimmende Säugetiere zu seiner Hauptnahrung gehören.

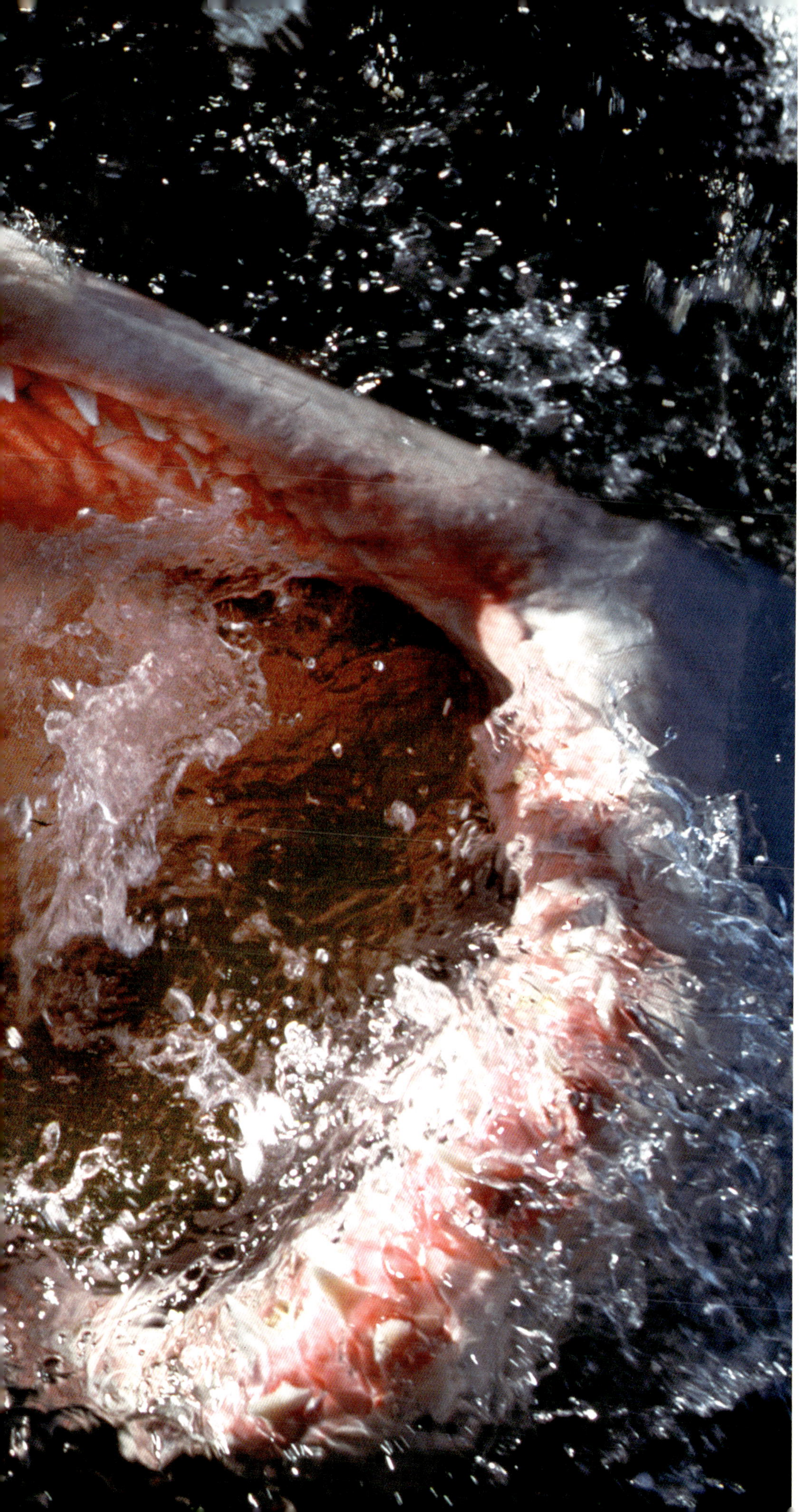

Wenn Weiße Haie zum Angriff übergehen, lokalisieren sie ihre Beute zunächst mit den Augen. Beim Näherkommen rollen sie ihre pechschwarzen Augen nach hinten, um Verletzungen durch die scharfen Zähne oder Krallen von Meeressäugern zu vermeiden. Dann übernehmen hochsensible Elektrorezeptoren in der Schnauze die Kontrolle, die eine präzise Attacke auf das Opfer ermöglichen.

**Oben:** Die blaugraue Färbung der Oberseite und die weiße Unterseite bieten eine ausgezeichnete Tarnung im Meer. Menschen, die von einem Weißen Hai angegriffen wurden, sahen diesen oft erst in letzter Sekunde.

**Rechts:** Es gibt kaum einen Ehrfurcht gebietenderen Anblick, als einem Weißen Hai bis auf wenige Meter nahe zu kommen. Ein Käfig bietet Schutz gegen Kiefer, die eine Beißkraft von drei Tonnen pro Quadratzentimeter aufbringen.

Studien an Weißen Haien, die mithilfe von Ködern durchgeführt wurden, konnten dazu beitragen, einige Legenden um die Tiere zu zerstreuen. Man hält sie inzwischen für soziale Wesen, die in Gruppen mit fester Rangordnung leben. Diese wird besonders offensichtlich, wenn es ums Fressen geht. Weibchen sind meist größer als Männchen und deshalb dominante Haie.